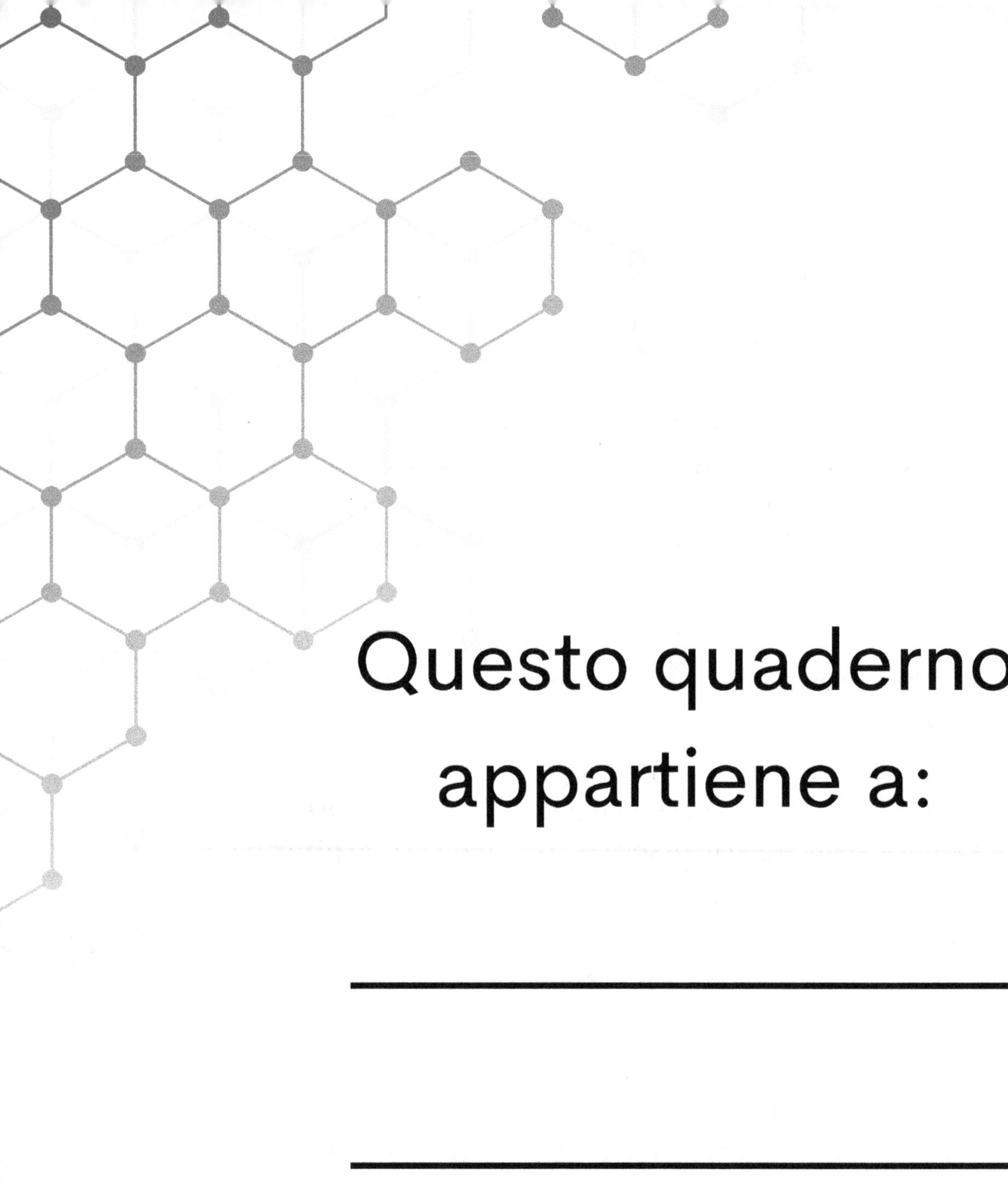

Questo quaderno appartiene a:

____

____

Josh Seventh

Grazie

Ci auguriamo che il nostro quaderno di chimica ti sia piaciuto

Essendo una piccola azienda familiare, il tuo feedback è molto importante per noi

Fateci sapere se ti piace il nostro quaderno di chimica a:

seventh310@gmail.com

9 780114 290399